This Book belongs

to

_____

_____

_____

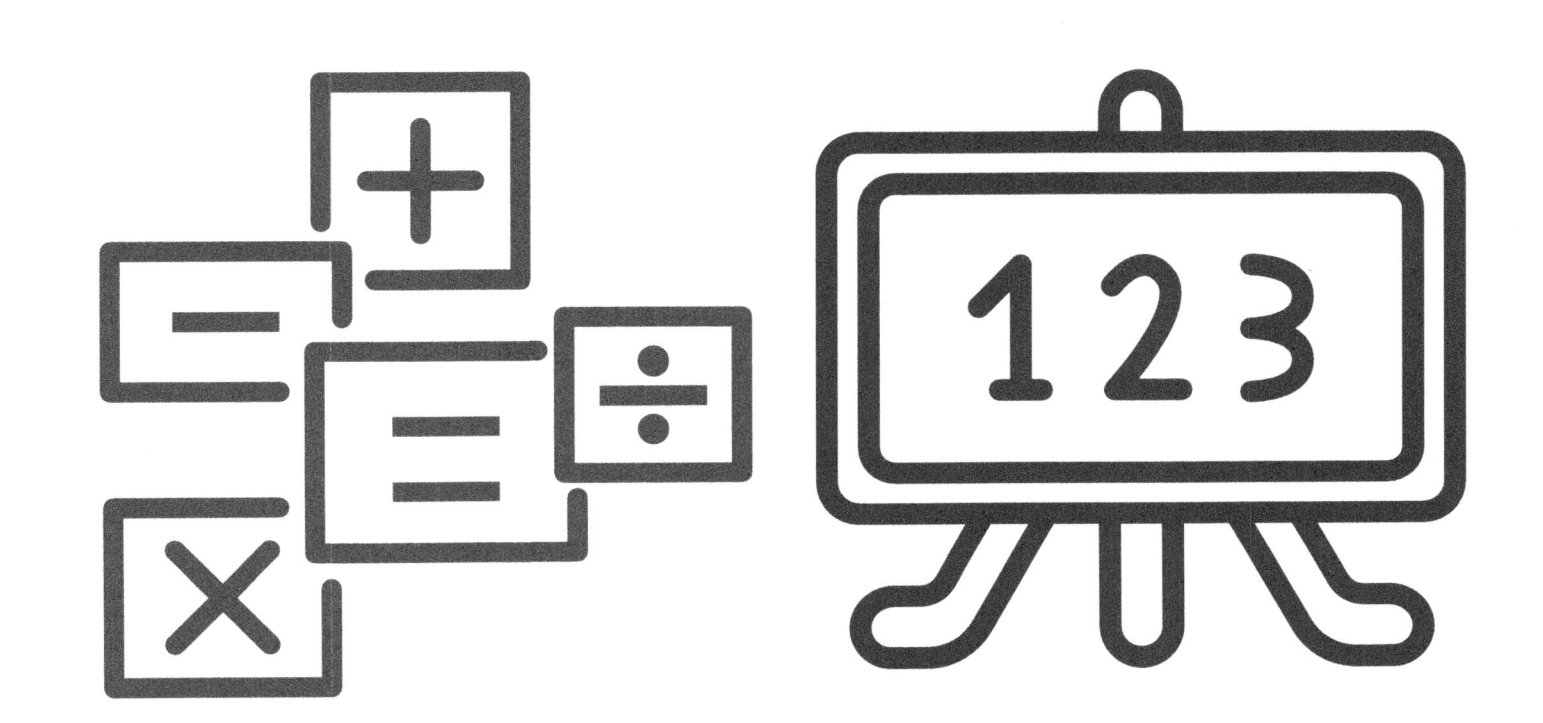

Thank You For Your Purchase

Thank you for choosing to explore our book titles! Your recent purchase means a lot to us.

Don't forget to scan the QR code above to visit our Author Page and easily re-order your favorite books and view our extensive collection of titles.

We specialize in Educational books for children as well as Coloring and Activity Books for all ages, including adults.

We wish you the best in whatever titles your choose.

Best Regards, Blue Bow Books

2　2　2　2　2　2　2　2

2　2　2　2　2　2　2　2

2　2　2　2　2　2　2　2

2　2　2　2　2　2　2　2

Two　　Two　　Two　　Two

Two　　Two　　Two　　Two

Two　　Two　　Two　　Two

4 4 4 4 4 4 4 4

4 4 4 4 4 4 4 4

4 4 4 4 4 4 4 4

4 4 4 4 4 4 4 4

Four Four Four Four

Four Four Four Four

Four Four Four Four

5 5 5 5 5 5 5 5

5 5 5 5 5 5 5 5

5 5 5 5 5 5 5 5

5 5 5 5 5 5 5 5

Five Five Five Five

Five Five Five Five

Five Five Five Five

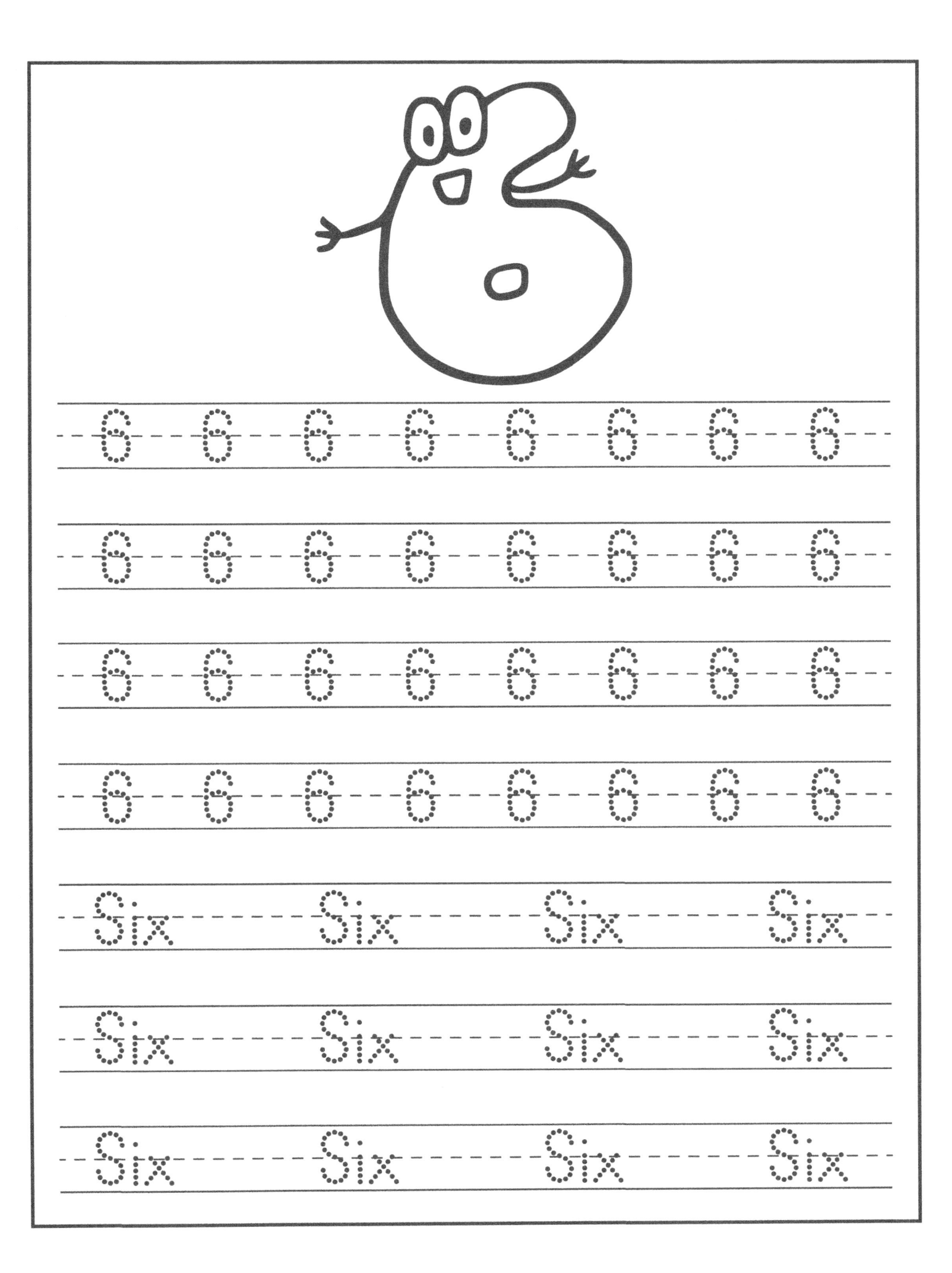

6 6 6 6 6 6 6 6

6 6 6 6 6 6 6 6

6 6 6 6 6 6 6 6

6 6 6 6 6 6 6 6

Six Six Six Six

Six Six Six Six

Six Six Six Six

7 7 7 7 7 7 7 7

7 7 7 7 7 7 7 7

7 7 7 7 7 7 7 7

7 7 7 7 7 7 7 7

Seven Seven Seven Seven

Seven Seven Seven Seven

Seven Seven Seven Seven

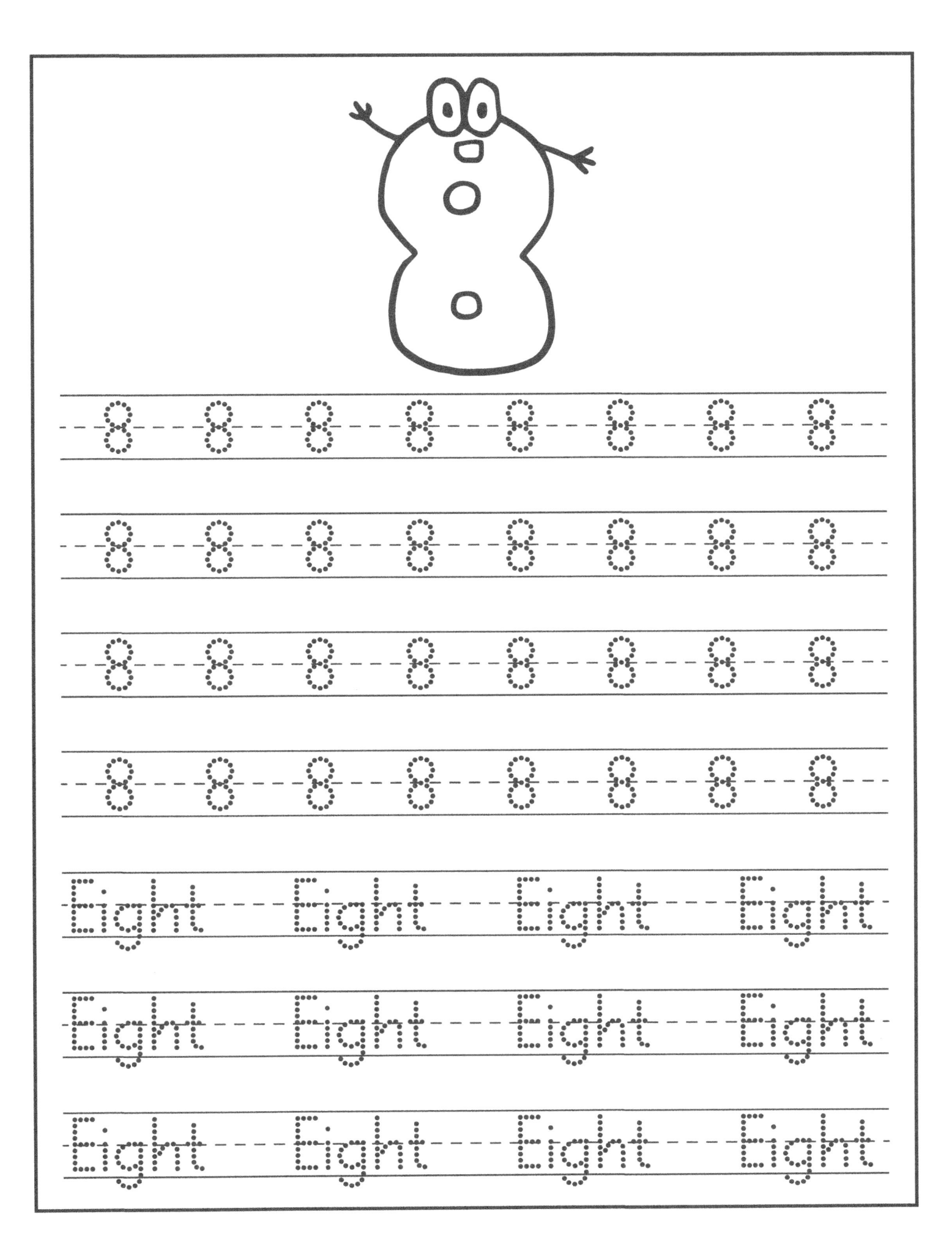

Same or Different?

Find and Color the pictures that are the same. Put an X on the picture that is different

Same or Different?

Find and Color the pictures that are the same. Put an X on the picture that is different

Same or Different?

Find and Color the pictures that are the same. Put an X on the picture that is different

Same or Different?

Find and Color the pictures that are the same. Put an X on the picture that is different

Missing Numbers

Write the missing numbers in each row.

Missing Numbers

Write the missing numbers in each row.

Missing Numbers

Write the missing numbers in each row.

Missing Numbers

Write the missing numbers in each row.

How Many?

How Many?

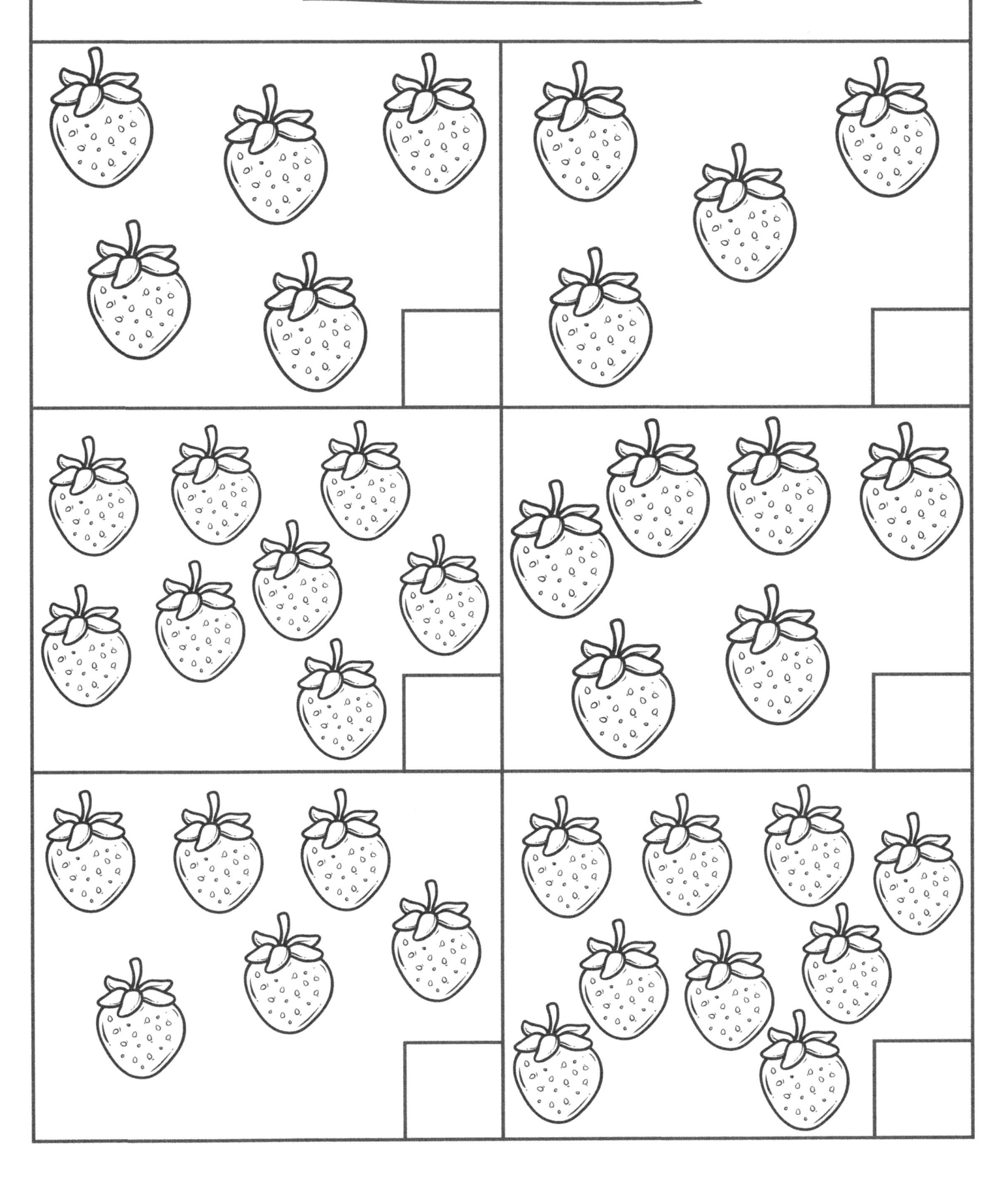

Hidden Picture

Color the shapes that have 1 dot red.
Color the other shapes blue.

More or Less

In each pair, circle the ten frame with more dots. X the ten frame with fewer dots.

More or Less

In each pair, circle the ten frame with more dots. X the ten frame with fewer dots.

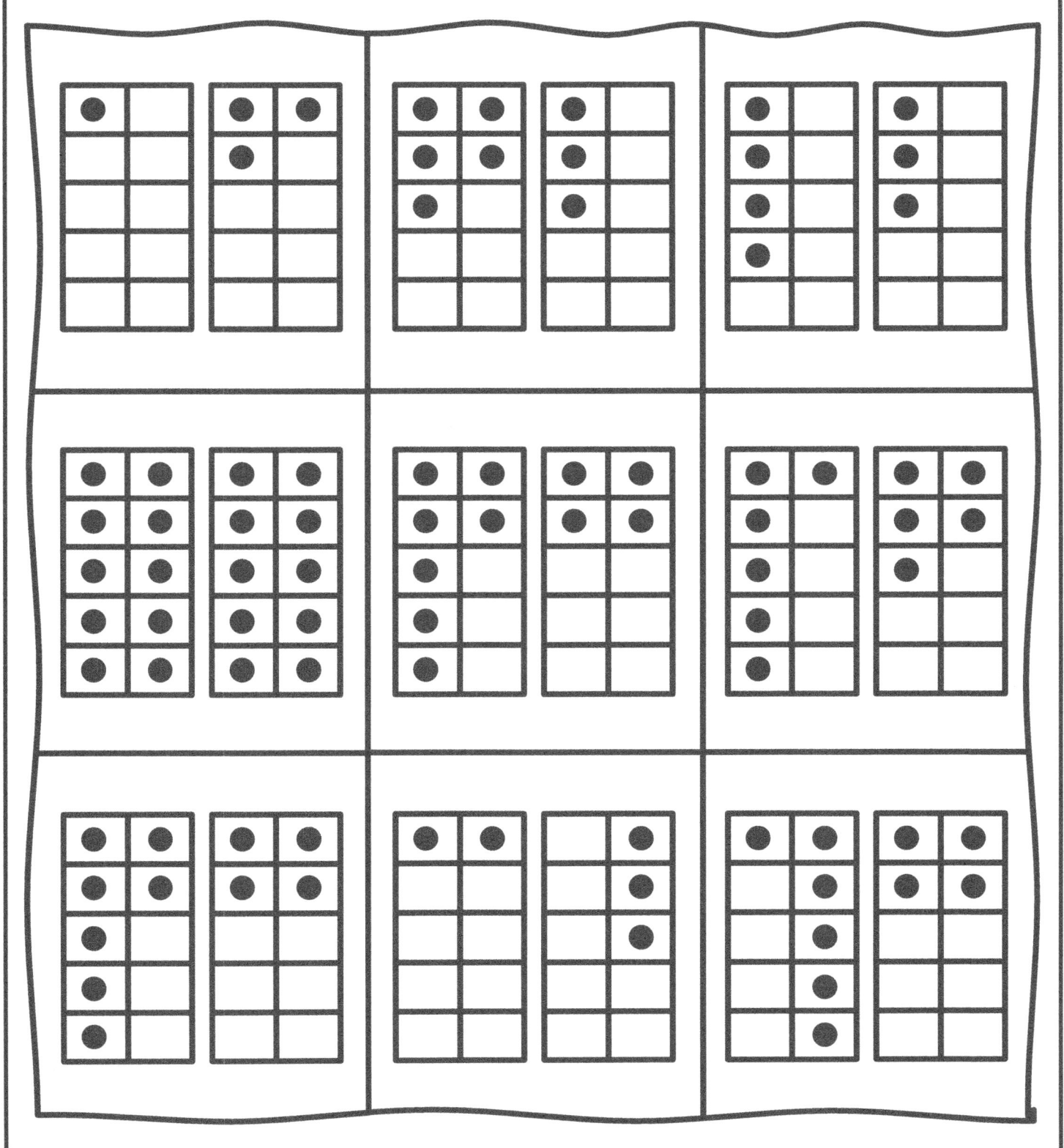

Write doubles equations to match the hands.

☐ + ☐ = ☐

☐ + ☐ = ☐

☐ + ☐ = ☐

☐ + ☐ = ☐

☐ + ☐ = ☐

☐ + ☐ = ☐

Write doubles equations to match the hands.

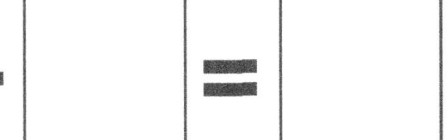

☐ + ☐ = ☐

☐ + ☐ = ☐

☐ + ☐ = ☐

☐ + ☐ = ☐

☐ + ☐ = ☐

☐ + ☐ = ☐

Roll and Add

Roll 2 die, write the numbers in the faces and solve the question.

☐ + ☐ = ☐   ☐ + ☐ = ☐

☐ + ☐ = ☐   ☐ + ☐ = ☐

☐ + ☐ = ☐   ☐ + ☐ = ☐

☐ + ☐ = ☐   ☐ + ☐ = ☐

☐ + ☐ = ☐   ☐ + ☐ = ☐

☐ + ☐ = ☐   ☐ + ☐ = ☐

Roll and Add

Roll 2 die, write the numbers in the faces and solve the question.

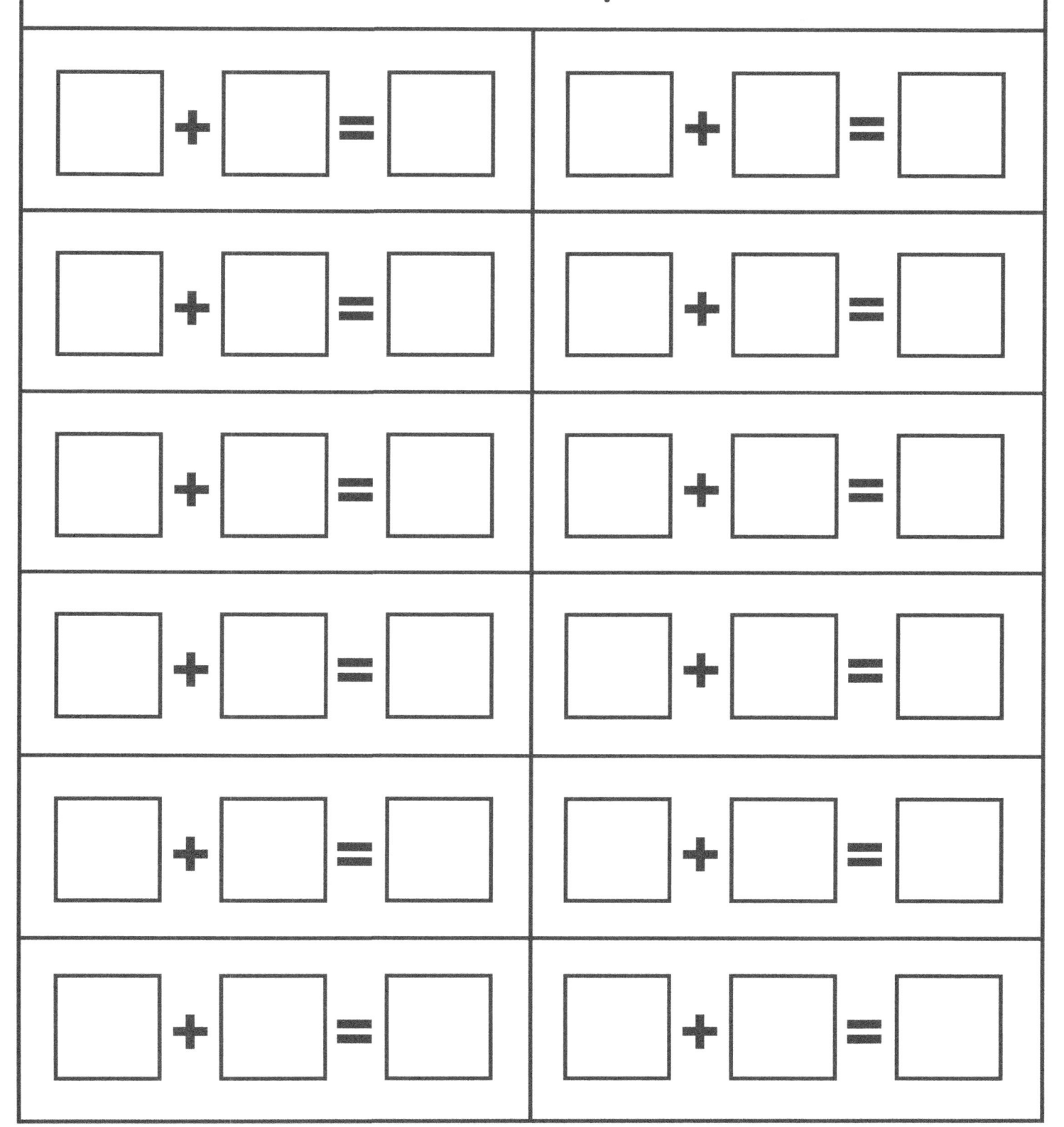

Roll and Add

Roll 2 die, write the numbers in the faces and solve the question.

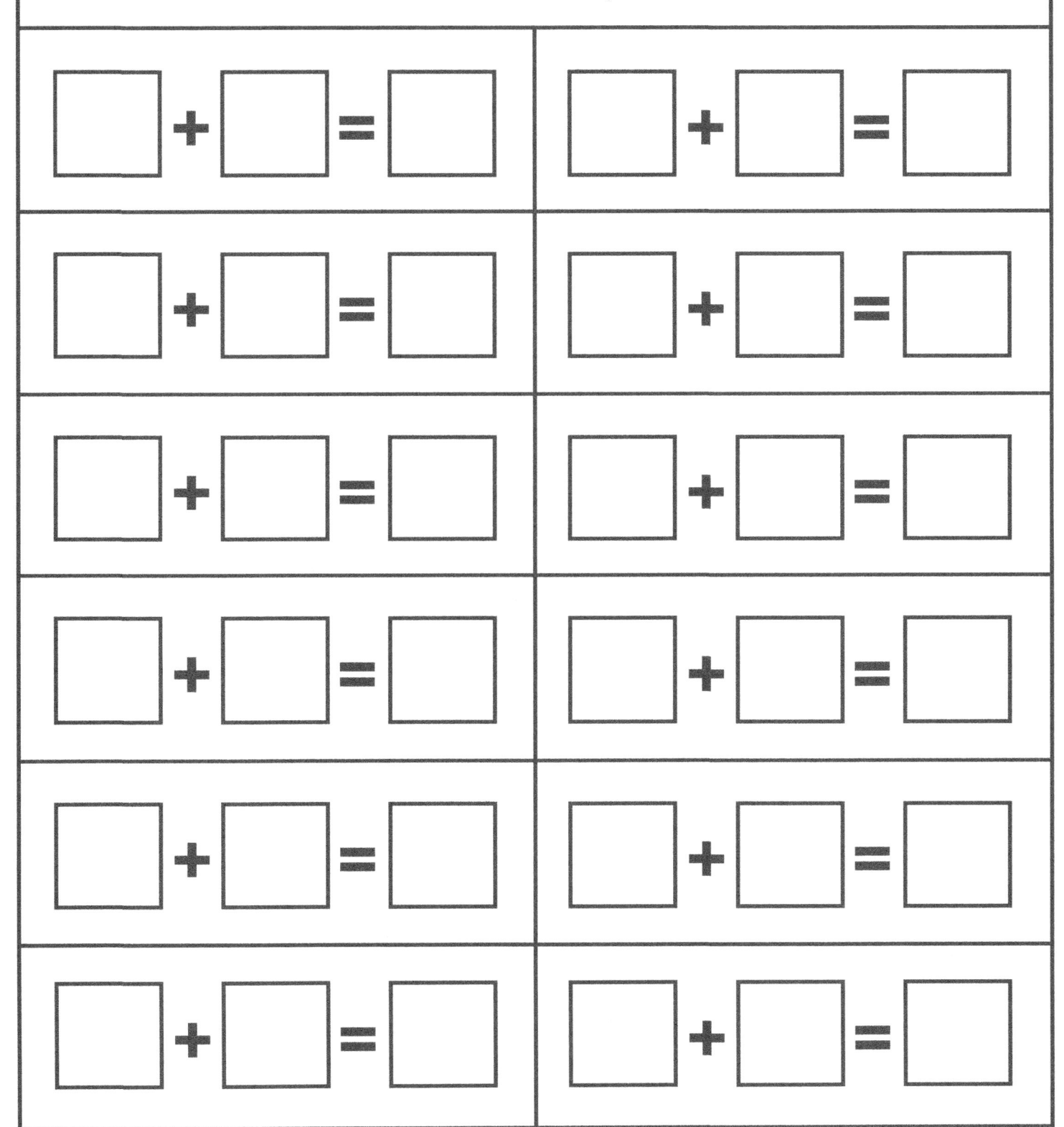

Roll and Add

Roll 2 die, write the numbers in the faces and solve the question.

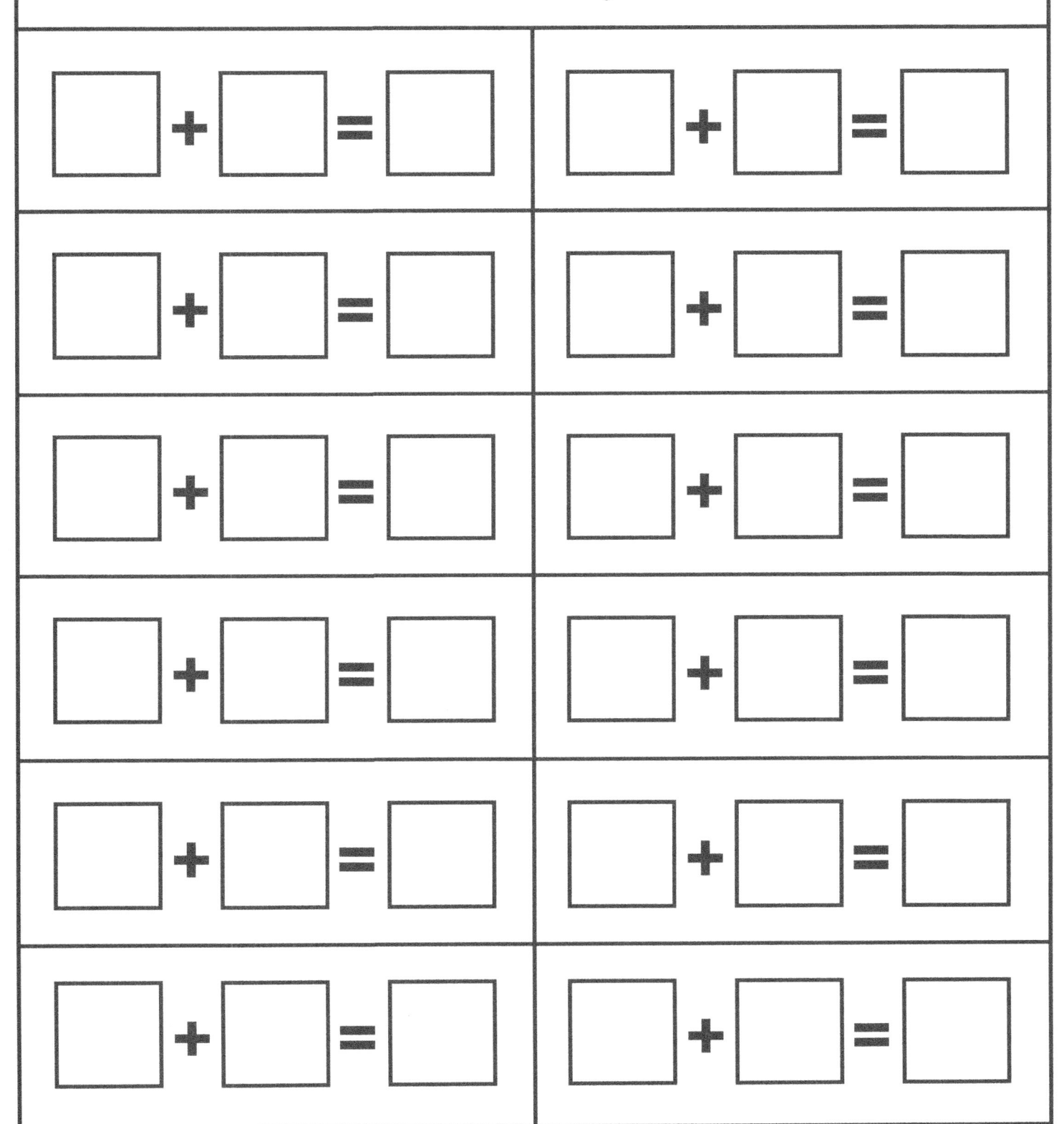

Roll and Add

Roll 2 die, write the numbers in the faces and solve the question.

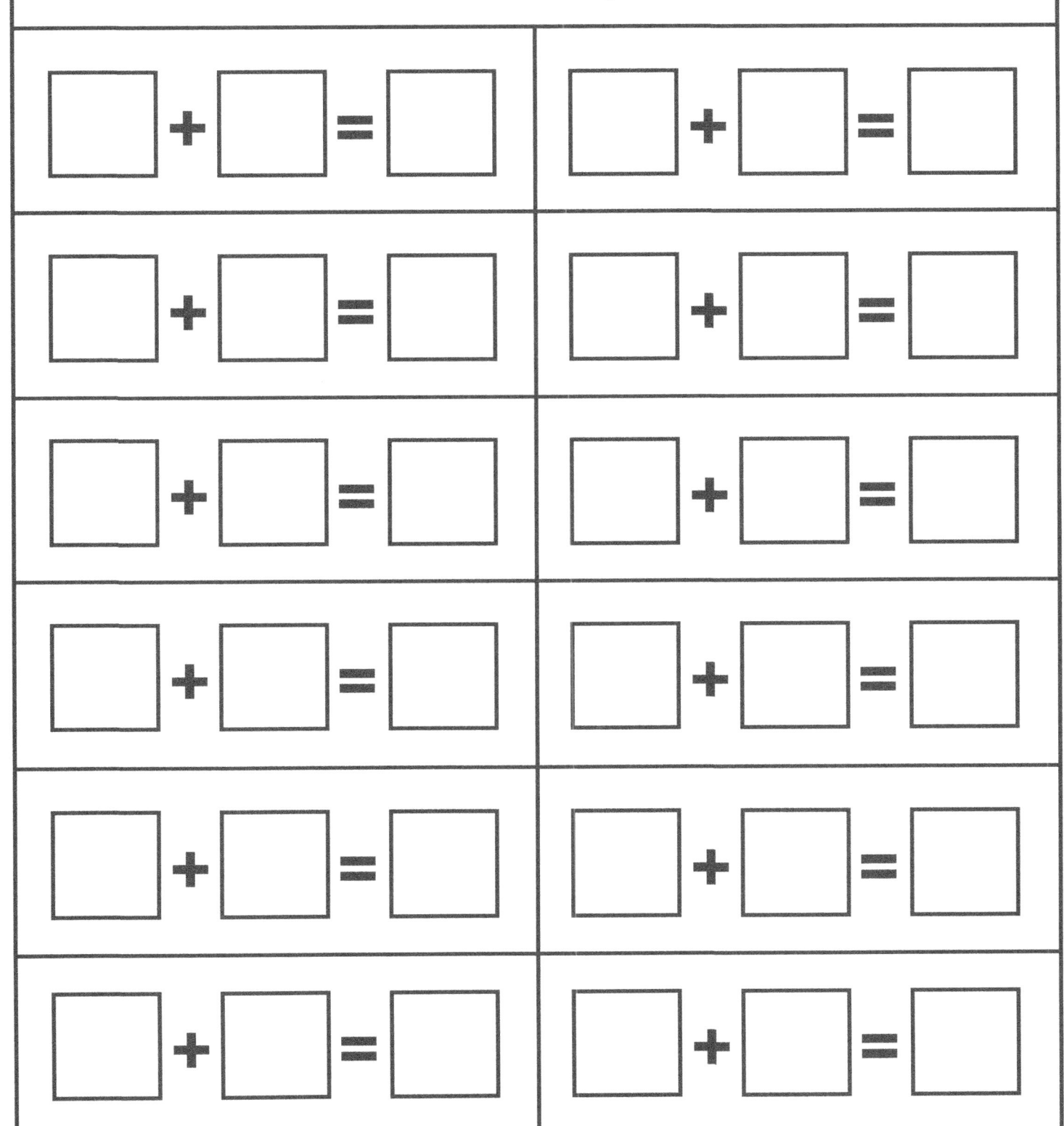

Dot the number 1 Maze

1	4	3	6	7	8	5	3
1	3	2	6	2	8	9	5
1	9	8	7	2	3	4	5
1	1	7	5	4	3	2	4
6	1	4	5	8	7	6	5
6	1	1	3	2	6	4	9
5	7	1	7	8	6	8	9
4	6	1	1	1	1	1	1

Dot the number 2 Maze

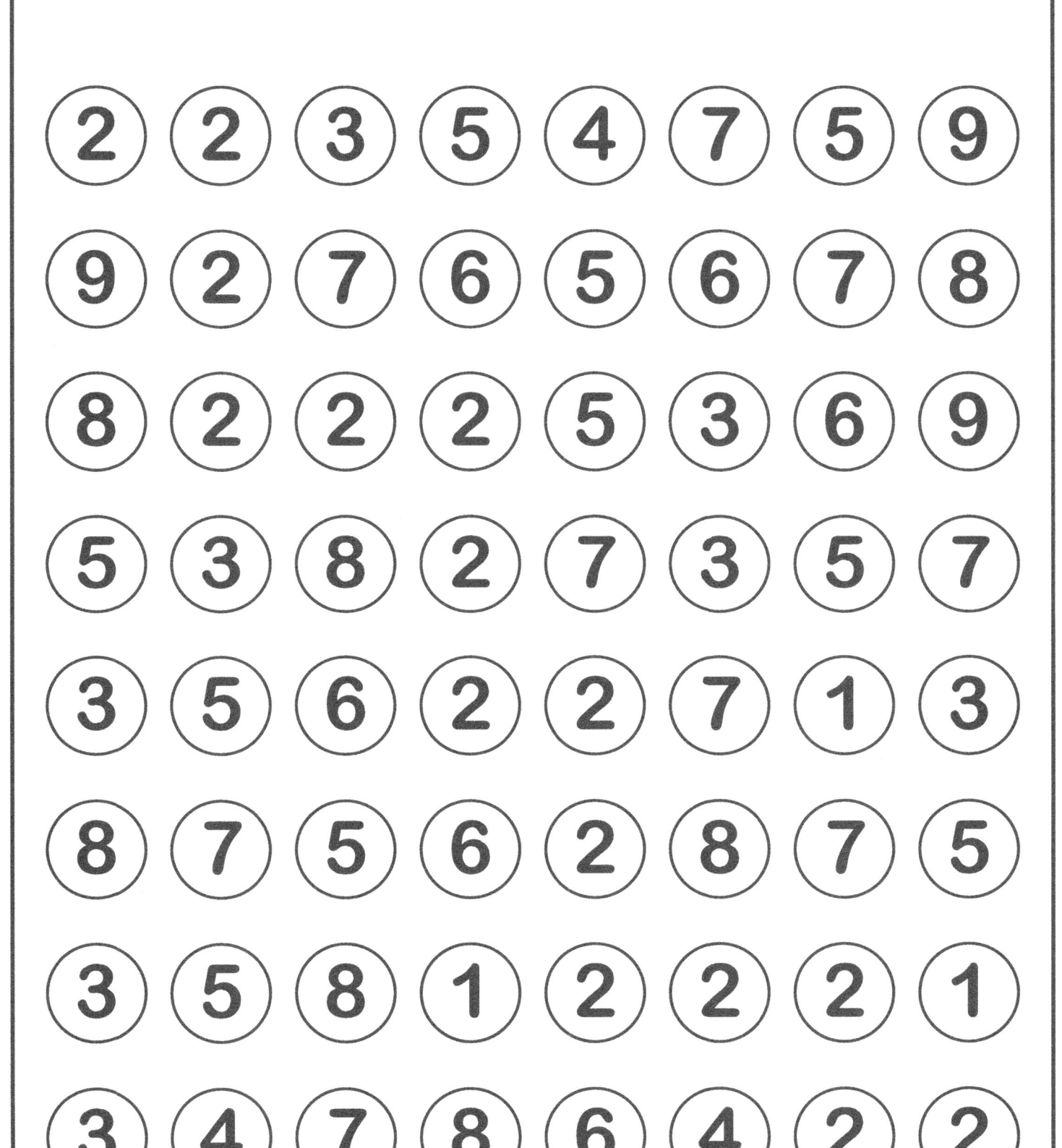

Dot the number 3 Maze

(3) (1) (5) (7) (8) (6) (4) (1)

(3) (4) (2) (7) (6) (3) (5) (7)

(3) (3) (8) (7) (5) (6) (4) (8)

(9) (3) (3) (3) (5) (6) (5) (7)

(4) (6) (7) (3) (9) (6) (7) (8)

(5) (6) (1) (3) (3) (3) (7) (5)

(7) (6) (5) (5) (7) (3) (3) (6)

(4) (5) (7) (8) (9) (1) (3) (3)

Dot the number 4 Maze

(4) (5) (1) (7) (6) (3) (8) (6)

(4) (4) (4) (1) (2) (3) (5) (8)

(3) (8) (4) (1) (3) (6) (9) (8)

(3) (5) (4) (4) (4) (2) (1) (5)

(9) (3) (1) (2) (4) (1) (3) (8)

(8) (1) (8) (6) (4) (4) (1) (6)

(6) (2) (3) (1) (7) (4) (4) (7)

(6) (9) (8) (5) (6) (8) (4) (4)

Dot the number 5 Maze

5	2	3	6	8	9	4	6
5	5	6	4	2	3	7	6
7	5	2	3	6	9	4	7
8	5	9	4	7	8	6	1
5	5	2	4	1	6	8	6
5	5	5	5	5	1	4	6
4	2	7	8	5	5	5	1
9	8	3	4	2	9	5	5

Dot the number 6 Maze

6	6	2	5	3	9	7	3
7	6	6	1	3	8	5	3
8	4	6	4	2	7	3	1
3	6	6	1	9	8	7	3
4	6	6	6	7	2	4	3
3	4	7	6	6	6	2	9
9	3	1	2	2	6	6	7
2	1	4	7	1	8	6	6

Dot the number 7 Maze

7	2	5	1	2	6	9	2
7	7	7	5	8	6	2	4
2	4	7	8	3	2	5	9
2	3	7	7	8	3	5	8
1	3	8	7	1	2	3	4
2	8	1	7	7	7	1	4
8	3	3	4	3	7	7	9
2	9	1	8	2	4	7	7

Dot the number 8 Maze

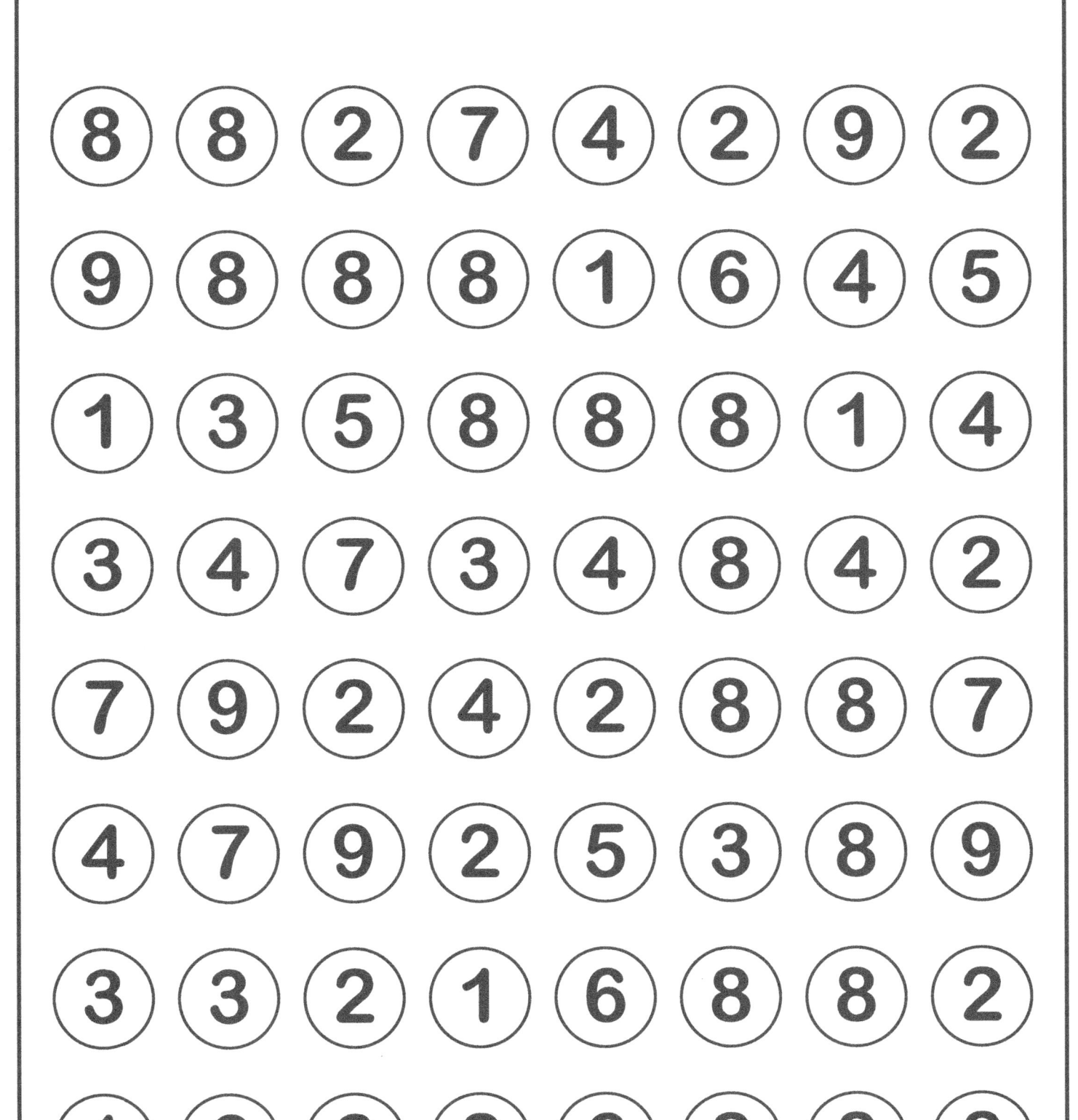

Dot the number 9 Maze

9	9	5	6	1	4	6	8
1	9	9	9	9	1	5	4
8	6	4	3	9	5	4	3
7	5	4	6	9	2	5	4
8	2	6	1	9	9	6	5
2	3	5	3	7	9	2	6
5	4	8	4	2	9	9	5
2	3	5	1	4	6	9	9

Addition

Find the sum!

2 + 1	5 + 3	3 + 2	8 + 1	2 + 4
5 + 3	2 + 4	2 + 5	5 + 2	6 + 2
3 + 2	4 + 2	2 + 4	6 + 1	3 + 3
4 + 2	4 + 4	6 + 2	1 + 3	5 + 2
3 + 1	2 + 5	2 + 3	1 + 0	2 + 2

Addition

Find the sum!

2	3	6	4	3
+ 0	+ 1	+ 1	+ 1	+ 2
3	0	6	3	4
+ 6	+ 4	+ 2	+ 1	+ 1
7	2	1	3	6
+ 0	+ 1	+ 2	+ 3	+ 3
3	5	2	3	4
+ 5	+ 0	+ 2	+ 4	+ 0
5	2	2	4	0
+ 2	+ 1	+ 4	+ 1	+ 1

Addition

Find the sum!

0 + 9	2 + 6	5 + 4	3 + 1	3 + 1
0 + 0	4 + 4	2 + 0	5 + 2	4 + 2
3 + 1	4 + 2	5 + 1	3 + 1	4 + 2
3 + 4	1 + 2	4 + 1	3 + 5	2 + 2
3 + 0	0 + 9	2 + 5	6 + 1	1 + 4

Addition

Find the sum!

7	2	1	3	2
+ 2	+ 5	+ 1	+ 2	+ 2
3	0	4	5	6
+ 2	+ 2	+ 1	+ 3	+ 0
5	1	6	5	0
+ 0	+ 0	+ 2	+ 1	+ 4
1	5	1	3	4
+ 1	+ 1	+ 7	+ 1	+ 4
5	2	8	4	5
+ 2	+ 2	+ 1	+ 0	+ 2

Color the Number

Find the number 1 and color it

Color the Number

Find the number 2 and color it

Color the Number

Find the number 3 and color it

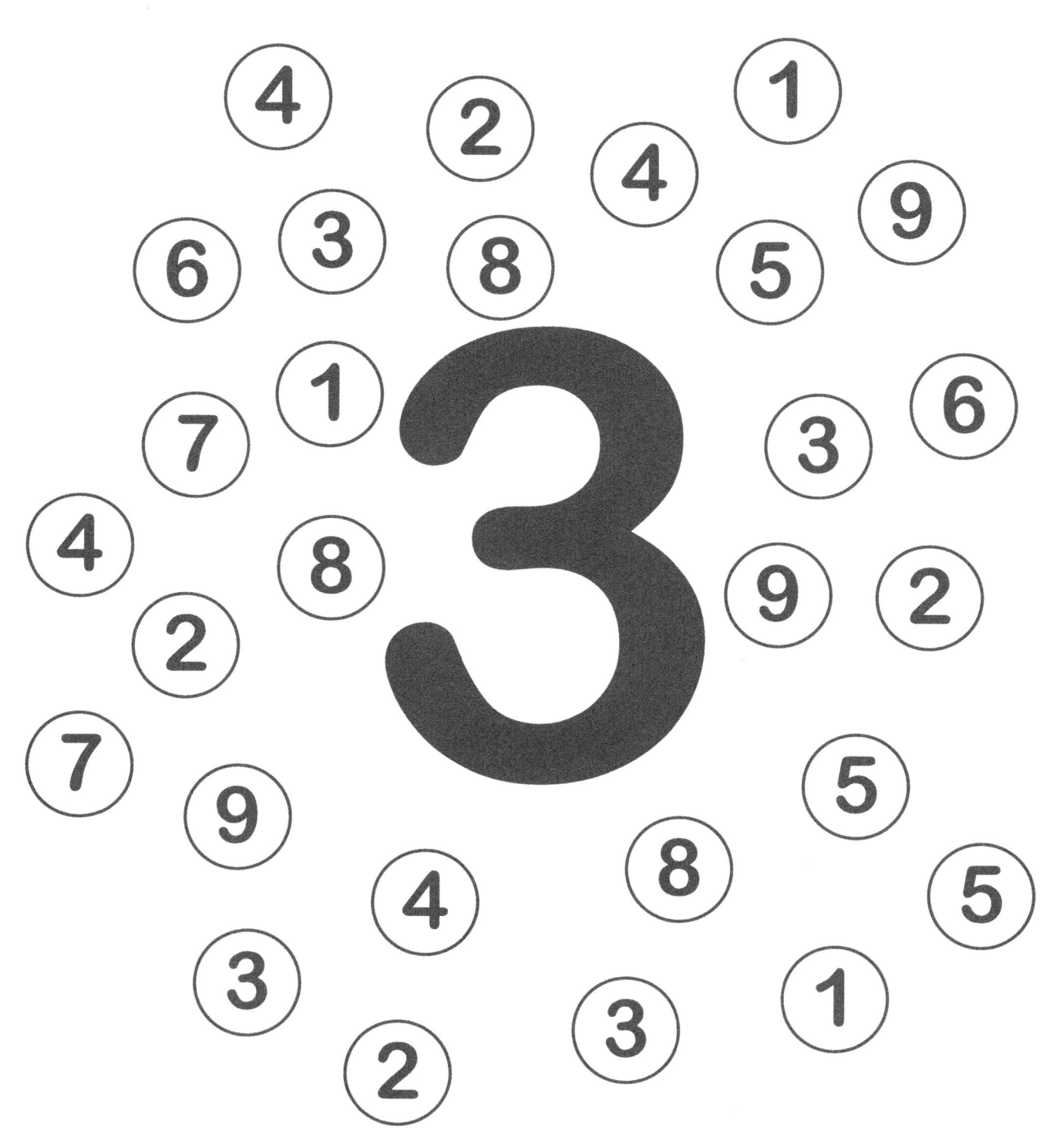

Color the Number

Find the number 4 and color it

Color the Number

Find the number 5 and color it

Color the Number

Find the number 6 and color it

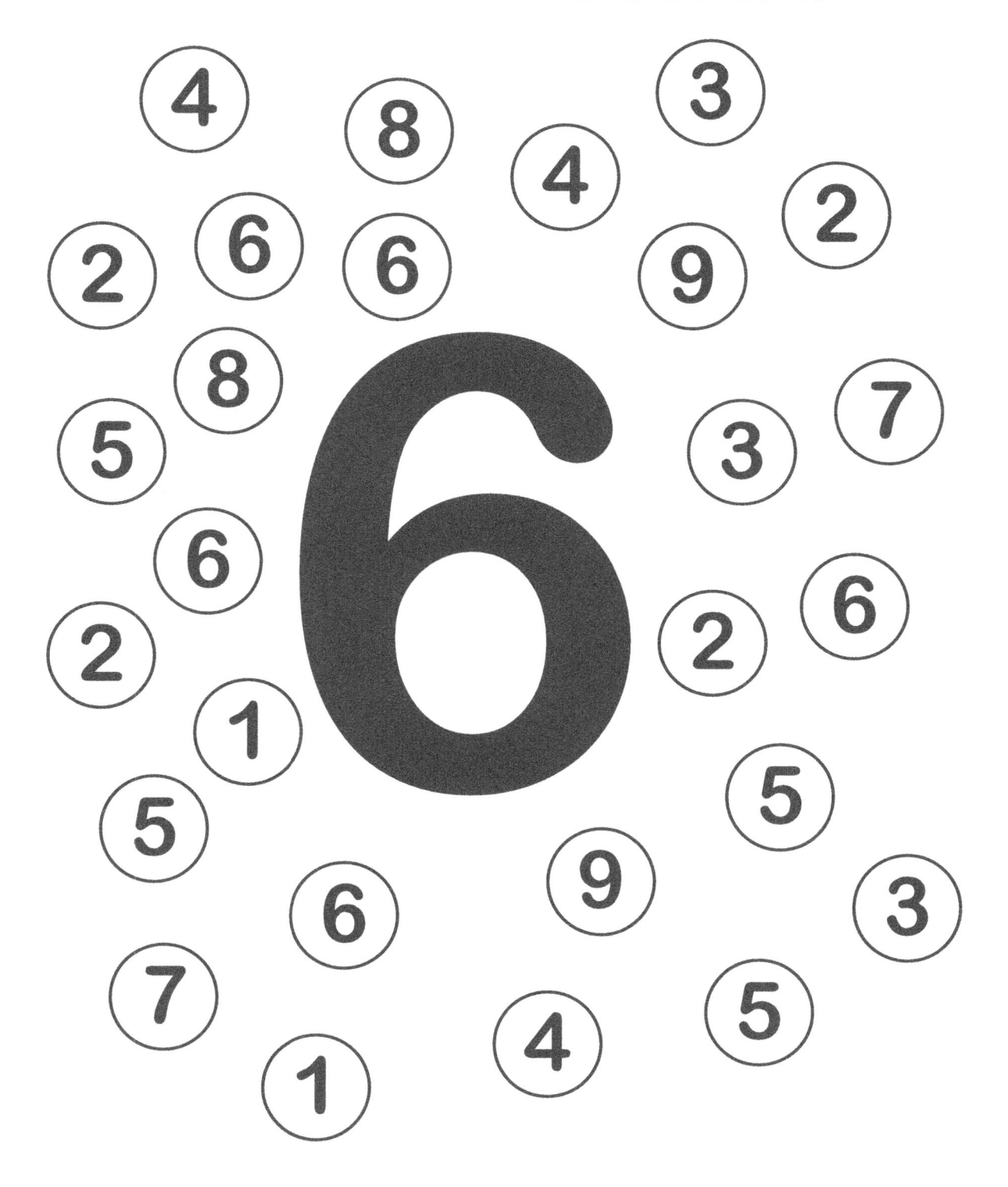

Color the Number

Find the number 7 and color it

Color the Number

Find the number 8 and color it

Color the Number

Find the number 9 and color it

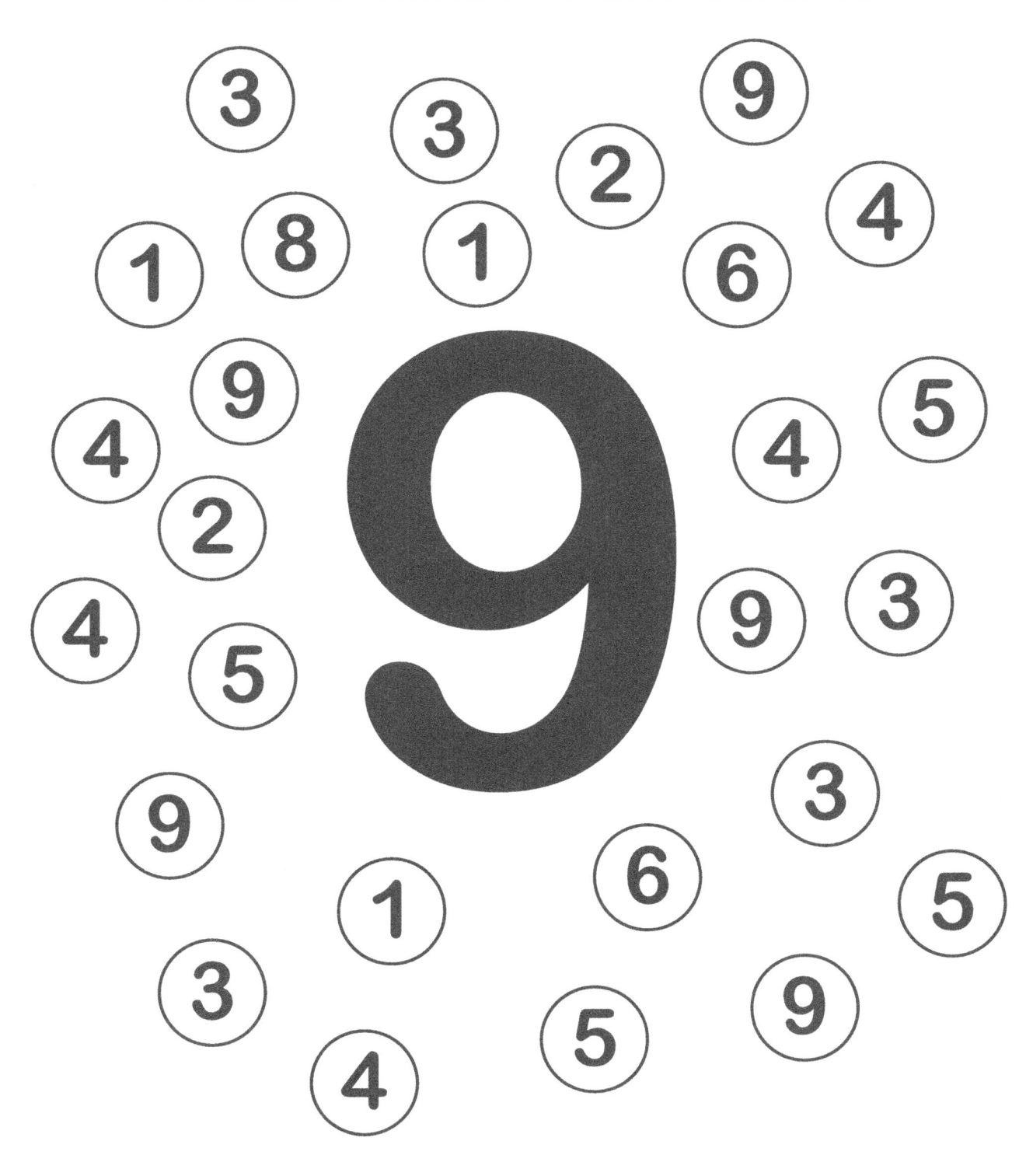

subtraction

Subtract the numbers to find the difference:

5 - 3 = ☐	6 - 1 = ☐
3 - 2 = ☐	6 - 4 = ☐
5 - 2 = ☐	8 - 4 = ☐
9 - 4 = ☐	7 - 3 = ☐
7 - 5 = ☐	2 - 1 = ☐
8 - 4 = ☐	5 - 0 = ☐

subtraction

Subtract the numbers to find the difference:

4 - 2 = ☐	6 - 2 = ☐
3 - 1 = ☐	5 - 3 = ☐
7 - 6 = ☐	3 - 1 = ☐
4 - 4 = ☐	7 - 2 = ☐
2 - 1 = ☐	6 - 4 = ☐
9 - 6 = ☐	3 - 2 = ☐

subtraction

Subtract the numbers to find the difference:

4 - 2 = ☐

4 - 1 = ☐

2 - 0 = ☐

7 - 3 = ☐

3 - 1 = ☐

8 - 2 = ☐

9 - 3 = ☐

6 - 1 = ☐

7 - 2 = ☐

7 - 4 = ☐

5 - 1 = ☐

4 - 0 = ☐

subtraction

Subtract the numbers to find the difference:

4 - 0 = ☐	5 - 2 = ☐
7 - 3 = ☐	4 - 1 = ☐
2 - 1 = ☐	6 - 2 = ☐
6 - 5 = ☐	7 - 3 = ☐
5 - 2 = ☐	5 - 1 = ☐
1 - 0 = ☐	3 - 0 = ☐

subtraction

Subtract the numbers to find the difference:

2 - 2 = ☐	7 - 0 = ☐
8 - 1 = ☐	7 - 1 = ☐
5 - 4 = ☐	6 - 1 = ☐
4 - 1 = ☐	5 - 2 = ☐
6 - 3 = ☐	6 - 0 = ☐
7 - 2 = ☐	9 - 3 = ☐

subtraction

Subtract the numbers to find the difference:

7 - 3 = ☐	9 - 4 = ☐
6 - 1 = ☐	7 - 1 = ☐
9 - 6 = ☐	5 - 2 = ☐
8 - 7 = ☐	6 - 5 = ☐
5 - 0 = ☐	9 - 7 = ☐
8 - 1 = ☐	9 - 9 = ☐

How many?

 _____

 _____

 _____

_____

How many?

_____

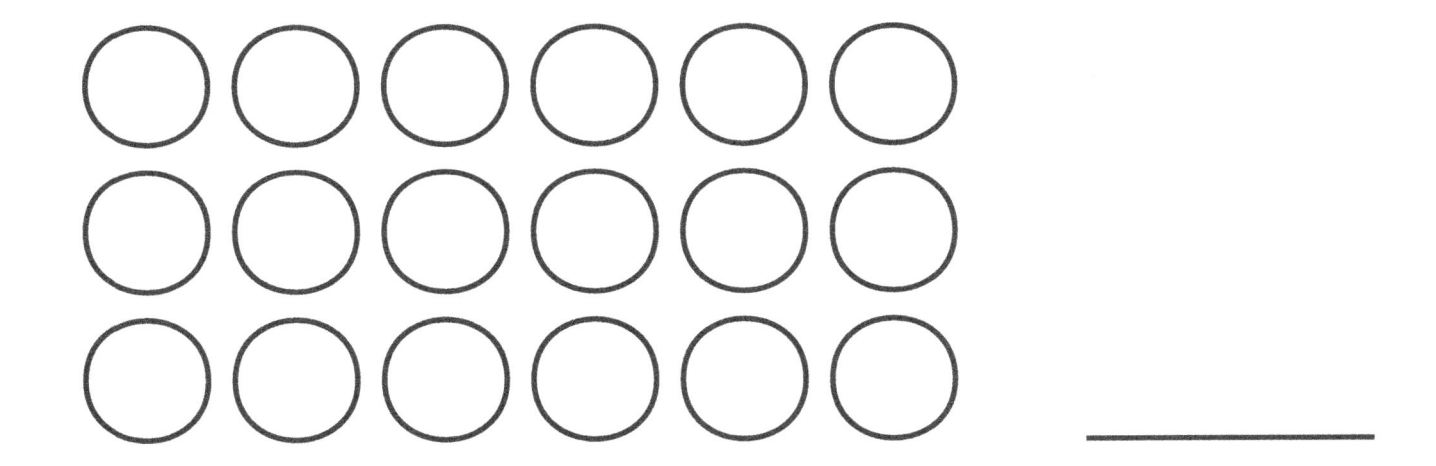

_____

_____

Name _____ Date _____

How many?

 _____

 _____

 _____

_____

Name _____ Date _____

How many?

 _____

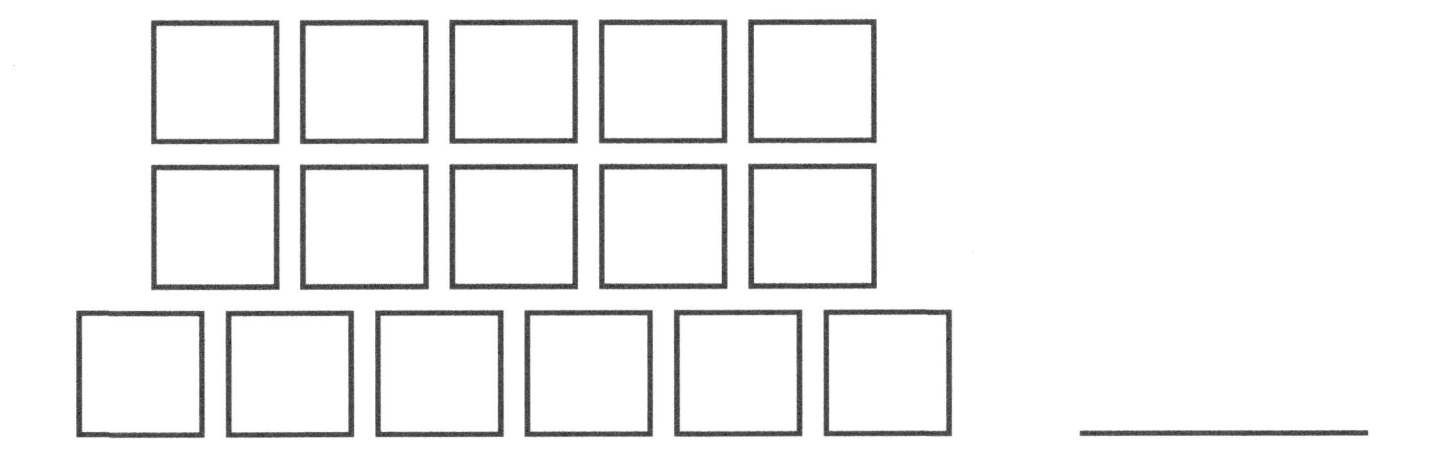 _____

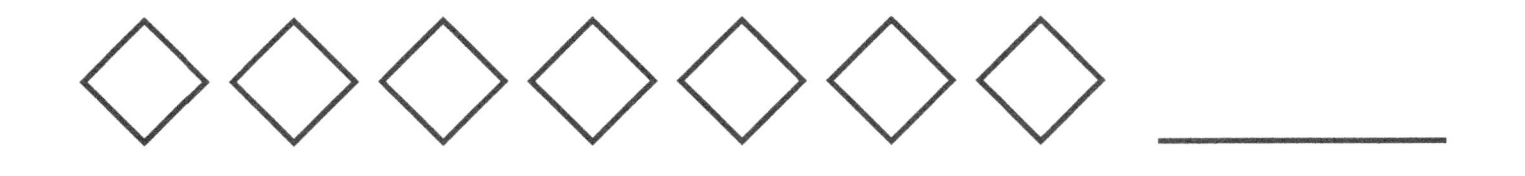 _____

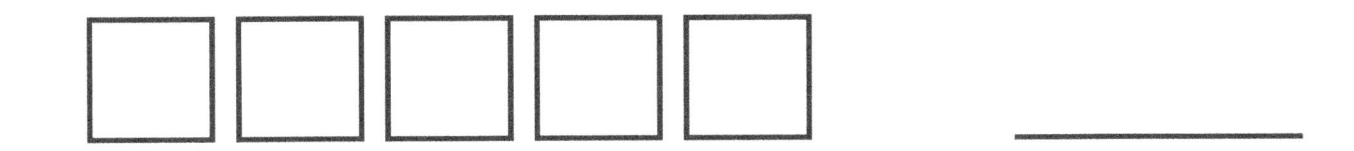 _____

Name _____ Date _____

How many?

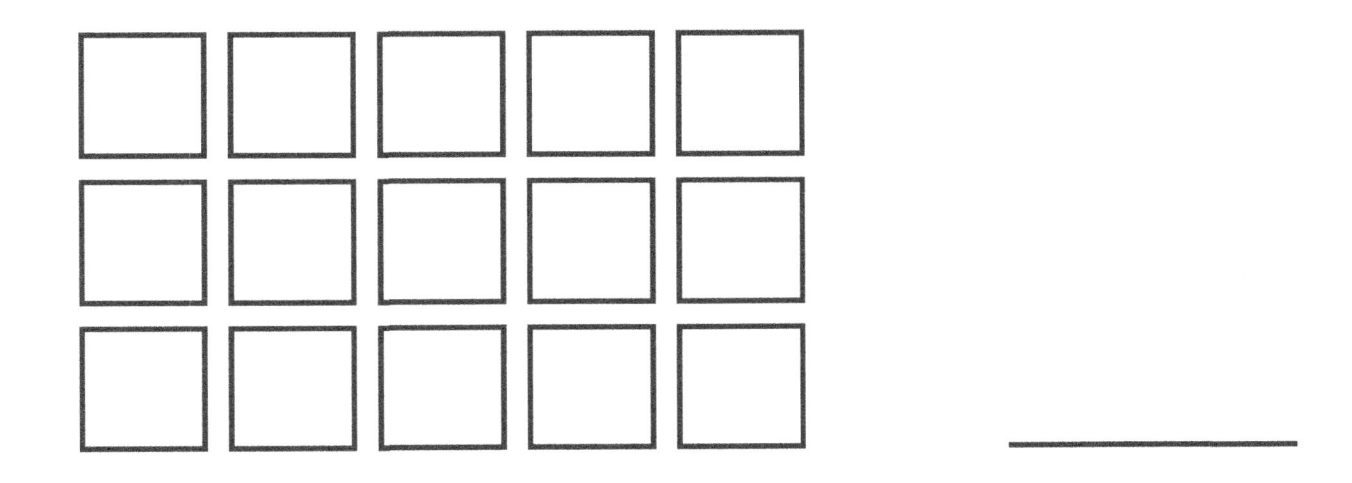
_____

_____

_____

_____

Name _____ Date _____

How many?

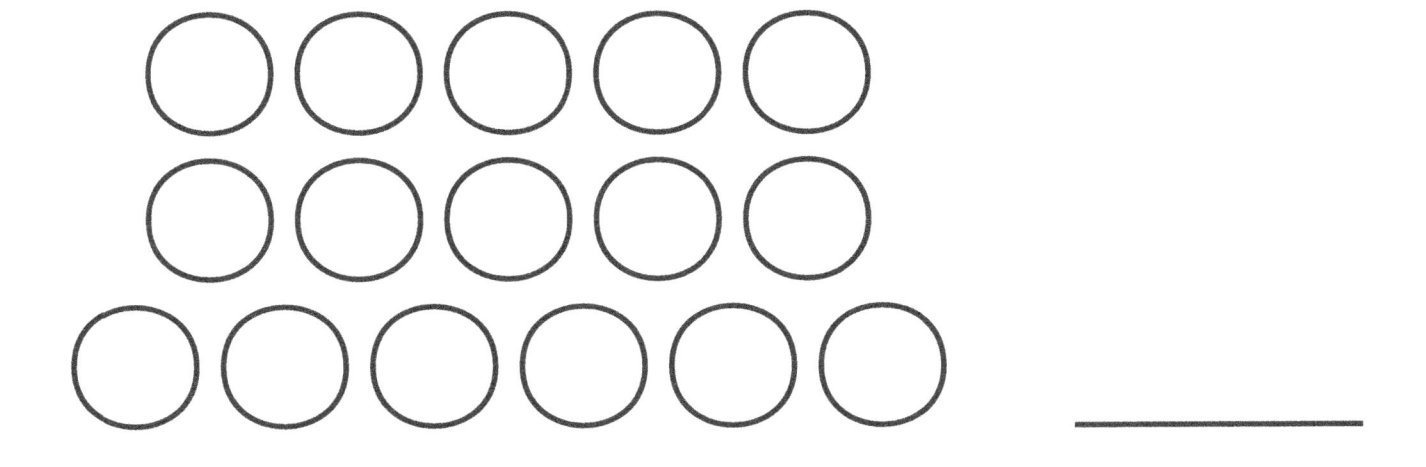

_____

_____

_____

_____

Name _____ Date _____

How many?

_____

_____

_____

Name _____ Date _____

How many?

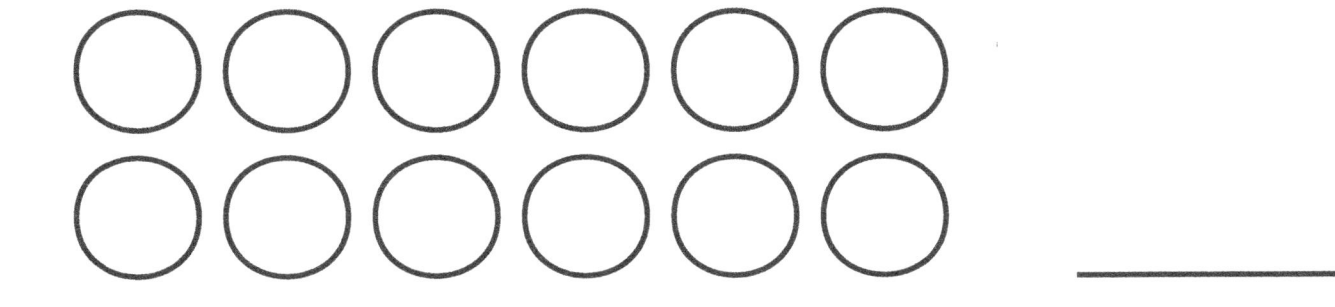

_____

_____

_____

_____

Name _____ Date _____

How many?

 _____

 _____

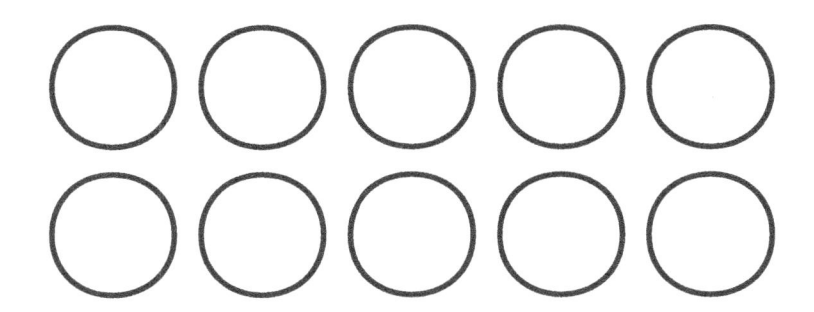 _____

Name _____ Date _____

How many?

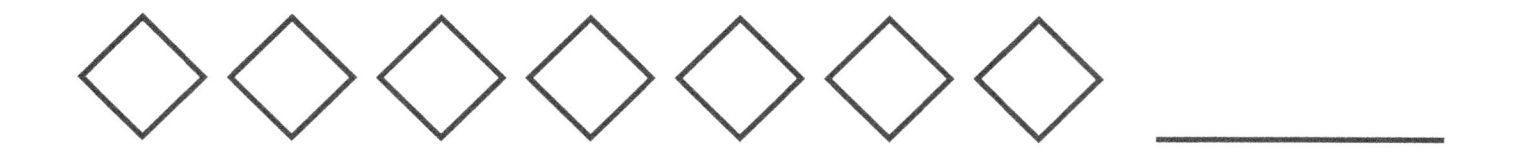 _____

 _____

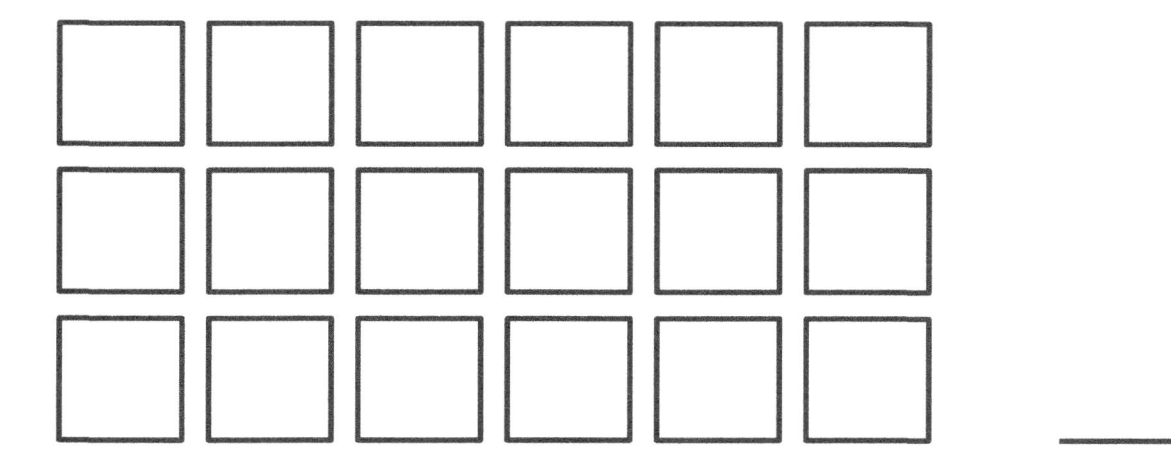 _____

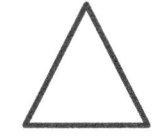 _____

How many?

 _____

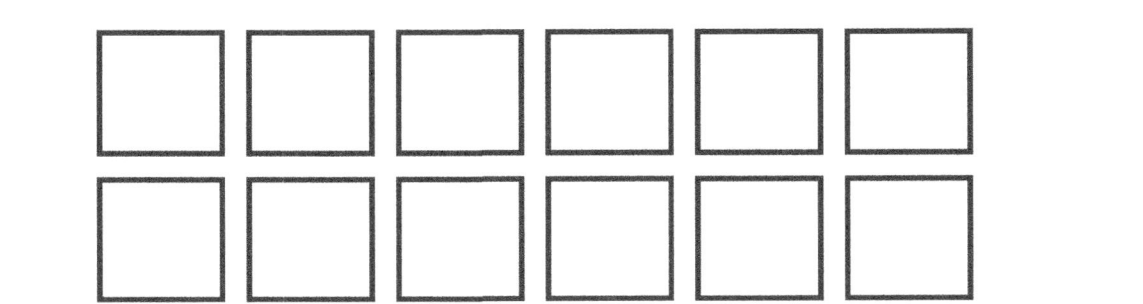

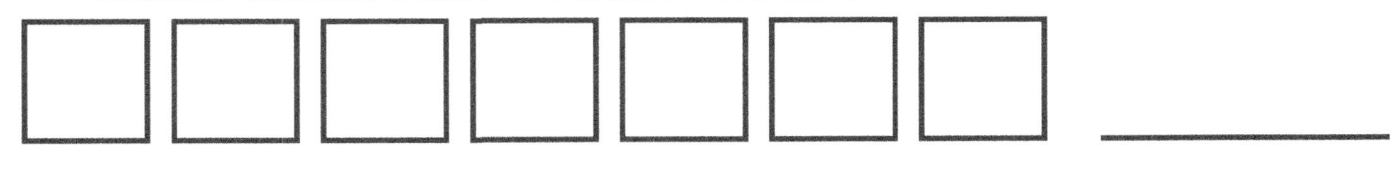 _____

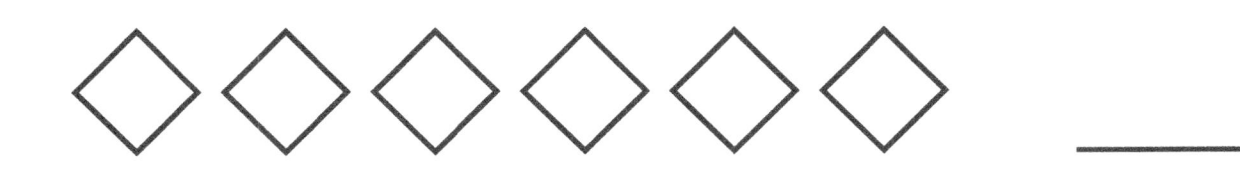 _____

 _____

Name _____ Date _____

How many?

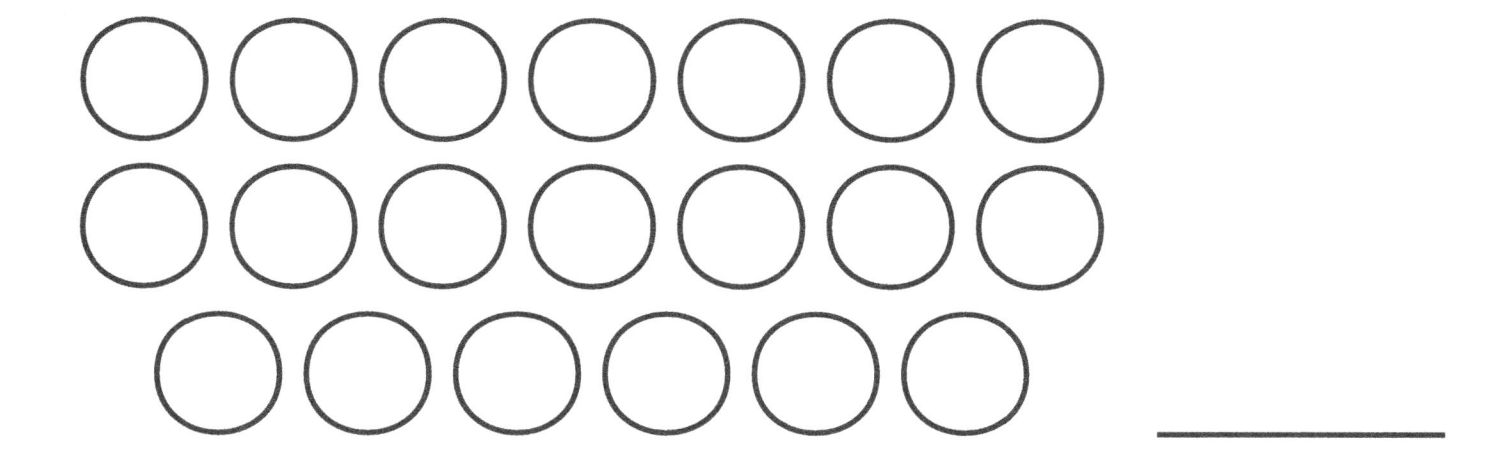 _____

 _____

 _____

How many?

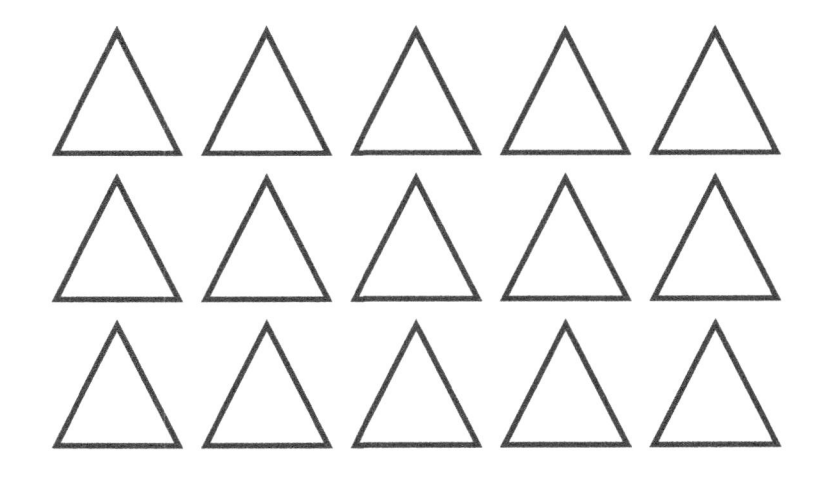

_____

_____

_____

_____

Made in the USA
Las Vegas, NV
26 December 2023

83506857R00083